U0078715

動物的特異功能

史軍／主編
臨淵、楊嬰、陳婷／著

三民書局

國家圖書館出版品預行編目資料

動物的特異功能／史軍主編；臨淵,楊嬰,陳婷著.－－
初版一刷.－－臺北市: 三民, 2019
面； 公分.－－(科學童萌)

ISBN 978-957-14-6700-9 (平裝)

1.科學 2.通俗作品

307.9 108013752

© 動物的特異功能

主　　編	史軍
著 作 人	臨淵　楊嬰　陳婷
封面設計	DarkSlayer
插　　畫	渣喵壯士
責任編輯	朱永捷
美術編輯	杜庭宜
發 行 人	劉振強
發 行 所	三民書局股份有限公司 地址　臺北市復興北路386號 電話　(02)25006600 郵撥帳號　0009998-5
門 市 部	(復北店) 臺北市復興北路386號 (重南店) 臺北市重慶南路一段61號
出版日期	初版一刷　2019年9月
編　　號	S 360630

行政院新聞局登記證局版臺業字第〇二〇〇號

ISBN 978-957-14-6700-9 (平裝)

http://www.sanmin.com.tw 三民網路書店

每位孩子都應該有一粒種子

在這個世界上，有很多看似很簡單，卻很難回答的問題，比如說，什麼是科學？

什麼是科學？在我還是一個小學生的時候，科學就是科學家。

那個時候，「長大要成為科學家」是讓我自豪和驕傲的理想。每當說出這個理想的時候，大人的讚賞言語和小夥伴的崇拜目光就會一股腦的衝過來，這種感覺，讓人心裡有小小的得意。

那個時候，有一部科幻影片叫《時間隧道》。在影片中，科學家們可以把人送到很古老很古老的過去，穿越人類文明的長河，甚至回到恐龍時代。懵懂之中，我只知道那些不修邊幅、蓬頭散髮、穿著白大褂的科學家的腦子裡裝滿了智慧和瘋狂的想法，他們可以改變世界，可以創造未來。

在懵懂學童的腦海中，科學家就代表了科學。

什麼是科學？在我還是一個中學生的時候，科學就是動手實驗。

那個時候，我讀到了一本叫《神祕島》的書。書中的工程師似乎有著無限的智慧，他們憑藉自己的科學知識，不僅種出了糧食，織出了衣服，造出了炸藥，開鑿了運河，甚至還建成了電報通信系統。憑藉科學知識，他們把自己的命運牢牢的掌握在手中。

於是，我家裡的燈泡變成了燒杯，老陳醋和食用鹼在裡面愉快的冒著泡；拆解開的石英鐘永久性變成了線圈和零件，只是拿到的那兩片手錶玻璃，終究沒有變成能點燃火焰的透鏡。但我知道科學是有力量的。擁有科學知識的力量成為我嚮往的目標。

在朝氣蓬勃的少年心目中，科學就是改變世界的實驗。

什麼是科學？在我是一個研究生的時候，科學就是酷炫的觀點和理論。

那時的我，上過雲貴高原，下過廣西天坑，追尋騙子蘭花的足跡，探索花朵上誘騙昆蟲的精妙機關。那時的我，沉浸在達爾文、孟德爾、摩根留下的遺傳和演化理論當中，驚嘆於那些天才想法對人類認知產生的巨大影響，連吃飯的時候都在和同學討論生物演化理論，總是憧憬著有一天能在《自然》和《科學》雜誌上發表自己的科學觀點。

在激情青年的視野中，科學就是推動世界變革的觀點和理論。

直到有一天，我離開了實驗室，真正開始了自己的科普之旅，我才發現科學不僅僅是科學家才能做的事情。科學不僅僅是實驗，驗證重力規則的時候，伽利略並沒有真的站在比薩斜塔上面扔鐵球和木球；科學也不僅僅是觀點和理論，如果它們僅僅是沉睡在書本上的知識條目，對世界就毫無價值。

科學就在我們身邊——從廚房到果園，從煮粥洗菜到刷牙洗臉，從眼前的花草大樹到天上的日月星辰，從隨處可見的螞蟻蜜蜂到博物館裡的恐龍化石……處處少不了它。

其實，科學就是我們認識世界的方法，科學就是我們打量宇宙的眼睛，科學就是我們測量幸福的量尺。

什麼是科學？在這套叢書裡，每一位小朋友和大朋友都會找到屬於自己的答案——長著羽毛的恐龍、葉子呈現寶石般藍色的特別植物、殭屍星星和流浪星星、能從空氣中凝聚水的沙漠甲蟲、愛吃媽媽便便的小黃金鼠……都是科學表演的主角。這套書就像一袋神奇的怪味豆，只要細細品味，你就能品嚐出屬於自己的味道。

在今天的我看來，科學其實是一粒種子。

它一直都在我們的心裡，需要用好奇心和思考的雨露將它滋養，才能生根發芽。有一天，你會突然發現，它已經長大，成了可以依託的參天大樹。樹上綻放的理性之花和結出的智慧果實，就是科學給我們最大的褒獎。

編寫這套叢書時，我和這套書的每一位作者，都彷彿沿著時間線回溯，看到了年少時好奇的自己，看到了早早播種在我們心裡的那一粒科學的小種子。我想通過書告訴孩子們——科學究竟是什麼，科學家究竟在做什麼。當然，更希望能在你們心中，也埋下一粒科學的小種子。

主編

目錄 CONTENTS

01

斑馬：暴走狂

你想終生保持健美的身材嗎？

你想怎麼吃都不胖嗎？

請加入「暴走族」！

對暴走的益處，斑馬們深有體會——這種動物一輩子都沒胖過！

牠們的祕訣只有一個，那就是：暴走，從出生就開始！

出生就能走

斑馬媽媽是個英雄母親。

老實說，並不是所有動物媽媽都能像牠那樣全年都能生孩子，而且在長達近一年的孕期中生活如常，唯一所受到的額外照顧，就是一天多吃幾分鐘的草。

為了保證孩子有奶可喝，很多斑馬媽媽會算準時間，在有草可吃的時候生孩子——而且大多是在大遷徙的時候！

大遷徙是項集體活動，任何斑馬都不能單獨行動，因為那意味著死亡。

斑馬媽媽也明白這一點，所以牠會隱藏在草叢中，盡快生下孩子。為了讓孩子得到最好的照顧，斑馬媽媽嚴格執行「優生優育」政策，一次只生一個。

剛出生的小傢伙有著棕白相間的皮毛，雖然體弱力小，但已經顯示出了自己酷愛「暴走」的本能。牠剛生下來就努力嘗試著站起來，跌倒了，爬起來，再跌倒，再爬起來……反覆嘗試多次後，終於在出生 20 多分鐘後成功站了起來！從此，小斑馬便一直尾隨在媽媽身後。長達 6 個月的跟隨期間，牠吃母乳，有媽媽全程陪伴，但媽媽是絕對不會背牠的，牠必須自己走路。當然，這也是小斑馬喜歡的成長方式。

一天行走 20 個小時

你沒有看錯，這正是斑馬的日常生活！只要還有一口氣，哪怕受傷了、生病了，斑馬都會堅持行走，或者奔跑。事實上，斑馬一天之中大約有 20 個小時在行走，或慢或快，但很少停歇。

為了保持足夠的體力，牠們努力吃喝，對食物並不挑剔。草、灌木、樹枝、樹葉甚至樹皮都在牠們的食譜之上——斑馬們早已進化出了能力出眾的消化系統，只要是能吃下肚的東西，牠們就能從中提取或多或少的營養！

斑馬的時速雖然只有 60 公里，比不上牛羚，但是牠耐力好。猛獸想吃牠，能否追得上可是一個大問題。即使追上了，哈哈，斑馬還有一招殺手鐧——「後踢腿」等著呢。

TIPS

斑馬每天睡幾個小時？

這麼一來，斑馬的睡眠時間就少之又少了。據統計，斑馬每天只睡 3 個小時左右，還是間斷的睡眠。即使在睡覺時，牠們也保持著站立姿勢，和馬一樣，四腳站立，閉著眼，豎著耳朵，稍有風吹草動，馬上起跑！

半年暴走 3000 多公里

你可能不知道，和很多動物不一樣，斑馬們沒有固定的領地。牠們往往組成小家庭，每個家庭由一隻成年雄性斑馬和若干隻雌性成年斑馬、幼年斑馬組成，成群生活在沒有樹木的草原或稀樹草原地區，分布範圍橫跨熱帶及溫帶地區。

牠們的行為動機只有一個：追逐水草。這是斑馬一生永遠不會結束的追逐，這讓牠們的行程變得不固定，而且可能遠遠超過我們的想像。

比如，生活在非洲塞倫蓋提大草原的斑馬，暴走能力恐怕代表著斑馬們的最大成就。每逢旱季，牠們會率領著牛羚、湯氏瞪羚們，組成數以百萬計的超級大團隊，行程 3000 多公里，到馬賽馬拉草原上去吃個痛快，大約 3 個月後，才會回來，年年如此。即使中間危機四伏，歷經生老病死，斑馬們也不會放棄。

怎麼樣？面對如此鍥而不捨的暴走狂斑馬，我們是不是該致敬呢？

02

河馬：大便利用專家

在我們這個星球上，幾乎所有的動物都要大便——牠們通過大便來排出體內的廢物。不過，能像河馬一樣真正對大便進行「全方位」利用的並不多。

實力象徵

顧名思義，河馬生活在水裡，但牠並不是水生動物。牠們生活的地區——非洲撒哈拉以南，實在太熱了，牠們又無法長期忍受曝晒，只好盡可能長時間的泡在水裡了。

同很多動物一樣，河馬，尤其是河馬先生，喜歡用大便來宣示主權，展現實力。

牠們總是在自己的水域領地裡設立一個廁所，在那塊位置反覆拉大便。時間久了，有的糞堆甚至像小山包一樣，高達河馬的屁股處，散發出難聞的氣味。河馬先生藉此宣布「私人重地，嚴禁擅闖」。如果有動物膽敢闖入，即便是大象，牠們也會張開血盆大口，預備撕咬！千萬不要小看這個愛吃素的傢伙，凶猛如鱷魚也常是牠的「嘴下敗將」。

TIPS

公河馬的「便便大賽」

如果遇到其他河馬，哈哈，牠們更可能進行「便便大賽」：兩隻公河馬並排站在一起，一二三！大便和尿同時噴了出來，小尾巴也像電風扇一樣甩啊甩，劈劈啪啪、劈劈啪啪，誰甩得更遠，誰就是老大！

造福一方

一頭河馬一天能拉出多少便便？沒有人知道準確答案，因為牠們除了去「廁所」，還會就地解決——在自己生活的水域裡直接拉。你也許會說，這實在太噁心啦！不過，相信那些依賴河馬大便生活的生物們並不這麼認為。在牠們看來，河馬的大便雖然臭烘烘、髒兮兮，還是稀的，但貴在營養豐富，既能讓當地的植物長得更加茂盛，又能讓各種小型水生動物（尤其是鯉魚）大飽口福，還能增加水中微生物的數量。水裡微生物多了，就意味著口糧多了；水生動物們，比如魚、昆蟲，就可以啟動生育計畫了。而這會吸引更多其他生物，比如各種水鳥。一個真正的小生態圈就因為河馬的大便而變得更加欣欣向榮！

TIPS

河馬的食性：河馬只吃素嗎？

大家都知道河馬是草食性動物，不過，偶爾也有河馬食用動物屍體的紀錄；更有甚者，1995 年 7 月，曾有人發現河馬獵殺了飛羚並吃了牠！但河馬的胃不適合吃肉，吃肉可能是由異常行為和營養壓力引起的。

定位標誌

河馬是陸地動物，不過，在陸地上，牠們根本沒有領地之分。因為牠們到陸地上的主要工作是吃。各種草，包括人們種植的某些植物都在牠們的菜單之上。

為了避熱，河馬常常選擇在太陽下山後，跑到岸上徹夜尋找食物。一隻成年的公河馬體重達 4 噸。為了維持龐大的身軀正常工作，河馬每晚差不多需要吃 40 公斤的草和葉子。為了吃飽，牠們一晚上可能需要走 5 公里那麼遠！河馬的記性不好，視力又差，如果找不回來怎麼辦？

牠們當然有辦法。

河馬會一邊走一邊拉便便，這麼一來，即使忘記了回家的路，不管天有多黑，那些便便的氣味也會引導牠們回到自己居住的河裡。也許你分辨不出來，但河馬們知道，哪種大便的氣味才是自己的。

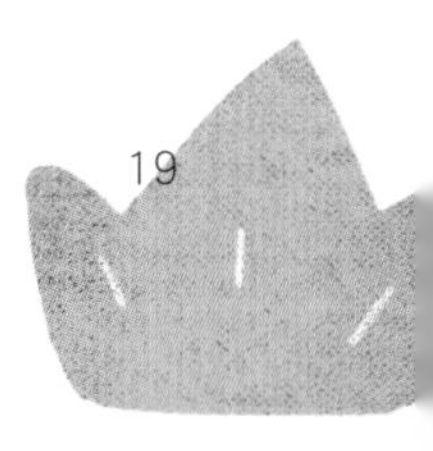

03

奇異鳥：
總在黑夜出行的超級奶爸

動物界可從來不缺不負責任的老爸。

比如臺灣黑熊，我敢打賭，牠從來沒照顧過自己的孩子，所以即使面對面，也未必互相認識。

對此，出生於紐西蘭的傑出奶爸代表——奇異鳥先生表示十分看不慣！作為紐西蘭的國鳥，奇異鳥絕對稱得上是好男人的典範，牠們不但是當仁不讓的好爸爸、好丈夫，而且擅長夜行。

孵蛋，那是當爸的責任

在鳥類家族，似乎有個不成文的規定，即「除了產卵，當媽媽的還要親自負責孵蛋工作」。最常見的代表就是母雞太太。

奇異鳥先生卻完全不在乎這個「不成文的規定」，只要太太生下了蛋，就可以休養身體，轉行做「守衛哨兵」啦，而接下來的工作就由奇異鳥先生完成了。牠幾乎不分白天黑夜的趴在蛋寶寶身上，必須讓蛋處於 37～38°C 的恆定溫度下，時間長達兩個半月左右。值得慶幸的是，奇異鳥太太的生育並不頻繁，幾乎一年才下一次蛋，一次頂多生兩個。

奇異鳥先生這麼體貼太太，可能也和太太孕期的辛苦不是沒有關係。奇異鳥太太要用一個月才能孕育出這個巨大的蛋——這個蛋是牠體重的 $\frac{1}{3}$～$\frac{1}{4}$，比一般的雞蛋足足重 5 倍，而奇異鳥太太的體型才和一隻正常的母雞差不多大！

照顧孩子，爸爸在行

終於，最值得期待的一天到來了，孩子出生了！

小奇異鳥長有卵齒。這顆牙雖然一出生就會脫落，但在牠破殼而出的時候卻非常有用。小傢伙要用卵齒敲擊蛋殼，「呼喚」爸爸媽媽。這個過程相當艱難，但即使是最愛牠的爸爸也不會幫忙，牠要依靠自己的力量破殼而出——這是牠必須經歷的考驗。在自然界，弱者是不能生存的。

不過，只要小傢伙成功闖過這一關，就可以享受老爸最親切的照顧了。奇異鳥先生會教牠各種生存技能，比如什麼東西可以吃（像蚯蚓、昆蟲、蜘蛛和其他無脊椎動物，鰻魚、淡水螯蝦、兩棲類動物，還有漿果、植物的葉子等都是可以嘗試的），什麼東西

不能吃；如何利用自己的嘴，以及如何避開天敵（貓是最可怕的天敵之一）。整個學習期長達 4 年！這可是鳥類家族中極少見的情況。當然啦，奇異鳥是比較長壽的，壽命長達 40 年。特別提醒的是，奇異鳥的學習幾乎都在黑夜中進行，因為牠們視力很差，終其一生都在黑夜中活動。

醜萌醜萌的奶爸

作為一名奶爸，奇異鳥先生付出了「超乎常鳥」的耐心和愛心。你知道這位可愛的「奶爸」是什麼樣子的嗎？牠遠沒有很多鳥先生，尤其是孔雀先生那麼漂亮，事實上，牠有點醜，還有點萌。

瞧瞧，遠遠看去，奇異鳥先生像一個毛茸茸的大皮球；走近一看，牠頭小肚子大，脖子不長，臉上還長著硬硬的鬍鬚，淡黃色的嘴又尖又細又長，幾乎是牠身長的一半，就像一個細細的圓筒一樣，並且向下彎曲著。更有趣的是，牠沒有翅膀！喔，不，牠有翅膀，只是特別小，藏在毛茸茸的羽毛下面，不注意還真發現不了！所以呢，奇異鳥先生不會飛，但牠的腿十分強健，肌肉發達，善於奔跑，時速可達16 公里。牠太太也不會飛喔，牠們才是真正的「奔跑夫妻」啊。

獵豹：殺手界的短跑冠軍

牠是一位真正的短跑高手，能在短短 2 秒鐘內由靜止加速至時速 70 公里！

牠是貨真價實的肉食者，而且特別挑剔，總喜歡吃最新鮮的肉，所以牠的菜譜上，大多是同樣善於奔跑的瞪羚、飛羚、鴕鳥、野兔，以及會飛的鳥，或者蜥蜴等，而且還是活著的。

牠曾經出現在中國、埃及和印度的古代文獻裡，但如今在亞洲的野外幾乎已經絕跡。

牠就是獵豹。

你想更深入的了解牠嗎？現在，機會來了！

來自單親家庭

毫無疑問，獵豹是非洲大草原上最有名氣的殺手之一。可你知道嗎？所有的獵豹，都是在單親家庭長大的。牠們自幼跟隨媽媽，至於爸爸，誰知道牠長什麼模樣！

獵豹媽媽一懷孕，獵豹爸爸就頭也不回的繼續浪子生涯，任由獵豹媽媽和肚中的骨肉自生自滅。慶幸的是，獵豹媽媽足夠強大。在度過 3 個月的孕期之後，牠會生下 3 到 6 個孩子。小傢伙們大多只有 30 公分長，嬌小柔弱，連眼睛都睜不開，但獵豹媽媽一點也不嫌棄，牠努力餵養、照顧孩子們。為了減少被討厭的獅子、鬣狗這樣的獵食者發現的機率，牠隔三岔五就搬一次家。

　　這段時間也不會很長，小傢伙們很快就出落得有點像蜜獾了（背上有一層白色的長毛）。蜜獾是一種凶悍的小型獵食動物，很多獵食者不願意招惹牠們。為了確保以後的生活，小傢伙們也會積極的跟媽媽學習如何求生和狩獵，因為也許突然有一天，媽媽也會像牠們的老爸一樣不辭而別，接下來的人生將由牠們自己決定……

速度源於大自然的精心設計

如果沒有夭折，那麼小獵豹將繼續像父母一樣生活。所有見過牠的人，都不得不承認：獵豹就像是為速度而生的。

牠體態輕盈，身體呈流線型，能最大程度的降低風的阻力；脊柱柔軟，可以讓前腿在奔躍中伸展得更開；腳爪不能收縮、腳掌特別粗糙，都可以增加抓地能力；尾巴的長度更有助於牠在奔跑時保持平衡……而且在牠體內，肺部和心臟都是加大型的，完全可以應付發力奔跑時突然增加的心肺負荷。

總而言之，以上種種先天設計使得獵豹成為陸地上跑得最快的動物。據測定，獵豹最高時速可達 110 公里，絕對是飛一般的速度，而且在跑動時牠有一半以上的時間可以四肢離地！是，因為疾跑時身體來不及散熱，所以在疾跑 300 公尺左右後，獵豹就得關掉「引擎」停下來，以防過熱死，而這也完全限制了牠的獵食策略。

量身打造的獵食策略

對於食物，獵豹的選擇總是很簡單：肉，新鮮的肉。可惜，牠的身形設計雖然造就了牠能高速奔跑，但卻犧牲了強而有力的體能。因此，即使距離斑馬、水牛、水羚等體型大的動物咫尺之遙，牠也不能像獅子那樣發起攻擊。

一番審時度勢之後，獵豹把主要目標放在了體型相對嬌小的動物身上，比如瞪羚、黑斑羚等。雖然這些獵物能跑，但獵豹更能跑！牠常常登高遠眺，一旦發現獵物，便躡手躡腳的走近，再突然加速，爭取在 300 公尺以內追上獵物，用前腳把正在疾跑逃命的獵物絆倒，然後一口咬住對方的脖子！

接下來，獵豹就可以一飽口福了嗎？當然不！獅子、鬣狗、花豹和禿鷹等都是道地的強盜，牠們是非常樂意到獵豹嘴下搶食的。對此，獵豹完全無可奈何。這個世界總是一物剋一物，是不是挺有意思的？

05

裂唇魚：醫生真是一份好工作

在生物界，活著是最危險的事情——食物鏈環環相扣，總會一不小心就成為別人的食物。不過，如果肯做醫生，那就不一樣啦。這份工作高尚而有趣，還能獲得高額報酬，實在是有百利而無一害。生活在太平洋等海域珊瑚礁裡的裂唇魚，對這份工作簡直是百分之百的滿意！

病人真不少

有人以為海水那麼鹹，寄生蟲根本無法生存，這絕對是個誤會。沒錯，某些寄生蟲卵確實會被高濃度的鹽水殺死，可是寄生蟲是個超級大家族，牠們生活的環境和宿主各不相同。有那麼一些壞傢伙沒法住在海洋裡，卻可以住到魚兒們的體內或體表上，吃喝拉撒睡，有事沒事開 party 辦聚會，折騰得魚兒們痛不欲生，難受至極。除了寄生蟲，有些魚，尤其是吃肉的傢伙，牙縫裡經常會有食物殘渣堵塞著。這些魚都會成為裂唇魚的病人。

裂唇魚治病的辦法主要是——吃。牠們可以用尖嘴一口一口的吃掉那些可怕的、討厭的寄生蟲，也能一頭鑽進病人的嘴裡，逐一清除堵塞物，還牙齒清爽乾淨。另外，如果魚兒有傷口膿腫或組織壞死，牠們也可以一一啃掉。

TIPS
海洋裡的魚兒要面對什麼危險？

大家都覺得魚兒們在海洋裡自由的游來游去，日子簡直太逍遙了！但這只是事情的表面。魚兒們不僅有被吃掉的危險，還可能生病。被寄生蟲感染就是海水魚們最常患的一種病。

醫療站要開在有利位置

醫生這份工作，待遇相當優厚。海洋中凶猛的、吃肉的動物雖多，卻從沒有對醫生下嘴的先例；有時遇到危險，病號還會帶著醫生逃跑。然而，海洋中總是不平靜的，風浪、生意狀況都會衝擊著醫生們的生活。這時候，選擇一個合適的地方開醫療站便十分重要了。

像珊瑚礁岩區或沉船殘骸的附近都是上上之選。那兒縫隙眾多，有大有小，是魚兒們的天然社區——魚兒多，就意味著病號多；病號多，就意味著生意好！再者，醫療站固定了，病號自然會主動上門。

為了提高工作效率，醫療站裡總會有幾位魚醫生。牠們一般由一位魚先生、一位成熟的魚太太和幾位未成年女生組成。這和裂唇魚的習性有關。所有的裂唇魚一孵出來都是女生，牠們四處漂泊，有幸湊到一起，最大的那位就變成了男生，其他的依然保持女生身分！

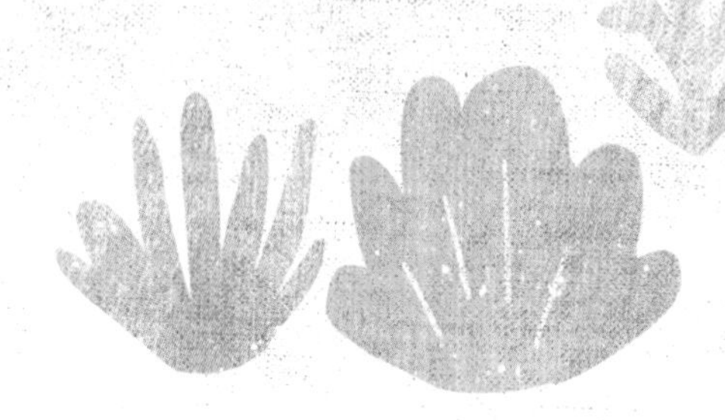

如果那位男生消失，那麼牠所領導的雌魚們會在半小時內選出新的領袖，新領袖隨後變為雄魚，繼續帶領大家經營醫療站。

遺憾的是，這行業競爭也大。有時，某個醫療站的帶頭大哥會攻擊其他雄魚，進而巧取豪奪別人的領地和員工。因此，如何守護自己的醫療站也是魚醫生的重要事情之一。

魚醫生的潛規則

對於裂唇魚來說，做醫生也是一門「生意」，某些「潛規則」也是必不可少的——尤其是在這個弱肉強食的海洋社會裡。

首先，要想成為一名成功的魚醫生，不僅要有本領，能霸占地盤，還得學會有效區分客源。一般來說，病號可以分為兩大類，一類是只在當地活動的「地頭魚」，另一類是四處巡游的「巡游魚」。「地頭魚」地盤小，沒有選擇的餘地，只能到當地的裂唇魚醫療站去；而「巡游魚」則可以貨比三家，最後決定進哪個醫療站。所以，醫生最好對後者的服務更好一些（比如先為牠們服務），這樣才能吸引更多的「回頭客」。

其次，老實說，對於裂唇魚來說，健康的黏膜才是最美味的，所以只要有機會，幾乎沒有哪位魚醫生不想偷偷啃一口。病號們對此十分不滿，一旦被咬，馬上離去，連圍觀者也會主動避開。因此，如果裂唇魚醫生想偷吃一口，最好挑周圍沒有魚圍觀的時候；或者乾脆欺負那些「地頭魚」，因為牠們根本沒得選擇，所以就算吃了虧，還是得前來接受治療。

06

麻雀：世界上最會適應生活的鳥

麻雀家族曾經歷經滄桑——人類不止一次的掀起滅殺麻雀的運動高潮，比如在西元 1950～1960 年，中國曾掀起了打麻雀運動，致使當時許許多多麻雀死於非命。

對於麻雀而言，如果沒有這種意外之災，牠們可以說生活得相當不錯。雖然牠們體型嬌小，幾乎沒什麼攻擊力，但在適應生活上卻自有妙計。

反其道而行之，人來雀不驚

一直以來，在鳥族有個不成文的規定：「兩條腿的人類是最可怕的，見到了一定要趕快逃走！」麻雀們卻不以為然。

事實上，麻雀家族的祖訓就是「接近人類」，只在有人類活動的地方出現、生活，而且人來了也若無其事。除非確定來者不懷好意，才會展翅離去。

之所以養成這樣的生活習性，有以下幾個原因：第一，麻雀總是伴著人類生活，習慣了人們走來走去，而人類也見多了麻雀，自然也不覺得奇怪，不會動不動就拍照、圍觀；第二，在有人類的地方，麻雀們可以更好的「打秋風」。

比如餓了，可以找點農作物的種子或殘羹冷炙吃（這就有了穩定的食物來源）；築巢就更省事啦，不僅可以借用牆洞、瓦簷或者建築物上的其他凹陷處，還能找點棉絮、乾草之類的，鋪到窩裡當墊子。

至於人類會不會發動襲擊？也許會，但麻雀們也有辦法應對——牠們會飛嘛。

TIPS

麻雀的飛行技術怎麼樣？

作為鳥類的一員，飛行也是麻雀的基本功之一。好吧，麻雀會飛，為了飛也做出了很多努力。比如，牠的身體是前粗後窄的流線體；幾乎所有的骨骼都是空心的（保證身體足夠輕）；全身覆蓋著羽毛；還有強而有力的心臟，一般情況下，每分鐘跳動約 460 次……不過，即使這樣，麻雀的飛行技術也不怎麼樣——飛行時，秒速一般不超過 10 公尺，高度一般在 10～20 公尺，而且每次飛行最多持續 4 分鐘。

飛行能力不用強，應付生活綽綽有餘

與麻雀家族形成鮮明對比的，是牠的遠親信天翁先生。信天翁先生自從學會飛，就很少停下來過。牠們隨便兜一個圈子就是 2000 公尺！短短一個小時，就能飛越 100 多公里的海面。

不過，麻雀並不羨慕信天翁，因為對牠們而言，擁有的飛行能力已經夠用啦。牠們的主要敵人是人類、野貓等，而這些都不會飛！可以說，牠們只要在天敵接近時成功飛走，就萬事大吉了。這點麻雀完全可以做到！別忘了，牠們還配備了堪比高倍雙筒望遠鏡的眼睛、靈活自如的脖子，以及隨時處於「準備起飛」的狀態——這種姿勢有利於牠們隨時發力、展翅騰飛。

不同的時候吃不同的食物

麻雀們還有一個壓箱底的法寶，那就是：看時間選菜單，什麼都吃。

春夏季，昆蟲紛紛甦醒，個個膘肥體壯，既營養又美味，麻雀們就優先吃各種昆蟲；等到了秋天，各種植物都結果了，麻雀們就毫不遲疑的改吃各種植物的種子和果實——尤其是農作物；到了冬天，嘿嘿，人類丟棄的食物殘渣也可以馬馬虎虎拿來填肚子。

要補充說明的是，麻雀們對下一代的食譜相當在意，牠們總會給小寶寶們帶來最美味的夜蛾、蝗蟲、菜蟲等。這些食物營養豐富，肥嫩多汁，適合正在長身體的麻雀寶寶。等到麻雀寶寶學會飛行，可以獨自覓食了，牠們就可以自己挑選食物啦。

07

螞蟻：一生愛搬運

在有些人看來，大概沒有比把東西搬來搬去更無聊的了。不過螞蟻，尤其是工蟻們，卻不這麼認為。一隻足夠幸運的工蟻據說可以活到 5 歲，蟻后更是能活 20 年之久。在這堪稱長壽的一生中，牠們以搬運為業，從搬運「妹妹們」到各種食物，再到搬運同伴的遺體，牠們都做得津津有味……

搬運，從兒時開始

同絕大多數昆蟲一樣，螞蟻的一生也是從卵開始的。蟻后陛下在經歷艱苦的「創業」之後，可以說成功成為了一個產卵機器，每天都會在蟻巢上層的產卵室裡產下十來個灰白色（或黃色）的卵。在接下來的幾週裡，這些卵孵化成幼蟲，牠們看不見、聽不到，也不能動，只能接受照顧。然後，幼蟲變成蛹，蛹最後大多發育成工蟻，也就是一隻隻沒有生育能力的螞蟻小姐。這個時候，牠們的搬運工作就開始了。

因為尚且年幼，生活經驗不足，所以工蟻的第一份工作主要是照顧蟻后陛下新生下的卵、幼蟲以及蛹。比如，把卵搬到蟻巢各個孵化室，讓牠們享受到最合適的溫度和濕度，這樣有利於牠們孵化；再比如，帶牠們逃生——

夏季，如果你在野外有翻動石頭習慣的話，就有可能翻到蟻巢，看到工蟻們瘋狂的銜起一粒粒「小米粒」逃跑，而這些「小米粒」正是牠們的照顧對象——蛹啦。

長途搬運，那都不是事兒

等這些年幼的小工蟻長大了，人生經驗豐富了，牠們十之八九要換個危險係數高的工作，比如到外面的世界去闖一闖，再帶點食物回來。別忘了，螞蟻也是以食為天的。雖然在我們地球上生活著一萬多種螞蟻，牠們大小不一，食性不同，有的吃素，有的吃肉，但大多數都不會自己生產，需要外出覓食。科學家們發現，螞蟻常常到距離自己家 300 公尺左右的地方去尋找食物。

對我們人類來說，300 公尺當然很短，可是對於身長僅僅 3 毫米的螞蟻來說，這是段相當漫長的路程，就好比你步行 60 公里去購物，隨後還不得不背著和自己差不多重的食物回家。而工蟻之所以如此「善於行走」，牠那 3 對發達的長腳起了很重要的作用。

搬運什麼，那得看找到了什麼

很多螞蟻屬於雜食動物，牠們不太挑食。無論是雜草種子、蘑菇或是人類製造的飯渣米粒，甚至是動物屍體（即使這動物是一條蛇，牠們也敢於挑戰），都在牠們的食譜上。

為了找到更多的食物，工蟻們經常分開活動。一旦遇到食物，如果可以的話，就自己搬回巢中；如果食物太大了，也不會放棄，相反，牠會馬不停蹄的回家搬「救兵」，招呼一大群工蟻，然後大傢伙根據實際情況分工，或把食物一點點咬開，或一起合力把食物整個搬回去。

有時候，牠們也會遇到同類的屍體——一隻勤勞的工蟻死在了工作路上，散發出一種特殊的氣味。牠們也會把牠搬回去，放在蟻巢的垃圾堆裡。

蜜蜂：釀蜜工人，兼職紅娘

嗨，大家好，我是蜜蜂家族的工蜂小姐。

我這輩子都不會結婚、當媽媽。我的身分早在出生時就決定了。決定蜜蜂身分的，是一種叫蜂王漿的高級飲品。只有我們的母親——蜂王大人才能終生享用。而我出生在工蜂的蜂房中，姐姐們只讓我吃過 3 天的蜂王漿，營養不良使我的身體沒有發育完全，輸卵管退化成了刺。

不過，這又有什麼關係呢？我享受我的生活，忙忙碌碌，能夠呼吸新鮮空氣，還可以兼職做花朵的媒人。

我成為工蜂已經 30 天了，而我的壽命頂多只有 3 個月。

一生做工忙

我們的一生都是忙碌的——從成為蜜蜂的第一天開始，就不停的工作。不知道從什麼時候起，根據年齡大小，我們的勞動內容就有了嚴格而明確的分工。

我們工蜂的前半生，主要負責清潔巢房、照顧蜂王大人、餵養弟弟妹妹（沒錯，只要條件合適，比如天氣好、天敵少、食物充足……蜂王媽媽就會抓緊時間生孩子。有時牠一天能生 1000 多個卵， 所以你不用擔心我們會「後繼無蜂」）、搬運死去的同伴、築巢、擔任守衛等。如果我們順利活到了下半生，在成為蜜蜂約 20 天之後，就可以到外面採集花蜜和花粉，供給大家吃啦！

哈哈，能作為尋找食物的一員飛出蜂巢，這真是自由自在的快樂。雖然我們很可能「過勞死」，或者遭遇種種意外，但是能在天空中自由飛翔，能欣賞各種花朵，真的很美好喔！接下來，我很樂意介紹一下我們的採蜜工作。

找花是門學問

估計在整個動物界，再沒有比我們更愛花粉和花蜜的了，所有的工蜂和雄峰都以它們為食。因此，找到合適的花，並把它產出的花粉和花蜜帶回家，就成了我們後半生最重要的工作。

我們最喜歡春天和夏天，因為它們是植物開花的季節。通常，太陽剛剛升起，我們便開始了一天的野外工作。我們有一對大大的複眼，除了長得和人眼不一樣外，看到的世界也不一樣。比如，我們只能分辨黃色、青色、藍色及紫外線，可以說我們是紅色盲，所以我們總是偏愛黃色或藍色的花朵。最好花兒還附帶「平臺」，以便我們站、爬和攀附。像油菜花、蒲公英等，就把這一點做得很好。

兼職做媒人

傳粉做媒人是我們尋找食物時附帶做的事——我們時刻不會忘記自己的主要工作。一旦發現目標，我們會先用匙狀的舌尖探尋；如果有蜜，就伸出長長的吻將蜜吸入蜜囊中。

至於傳播花粉，就十分簡單了。由於我們全身都是毛，只要在花上面動一動，身上就會沾滿花粉，就像拂塵撣一撣會沾上灰塵一樣。通常每隔一陣子，我們便用舌頭去潤濕身上的花粉，並用腳把它推到後腳的「花粉籃」裡。當然了，我們無論如何都不可能把所有的花粉弄進去。因此，只要我們飛到另外一朵花上，花粉就可能落下來。如果恰好落在雌蕊的柱頭上，這棵植物就受精了——我們也就完成了兼職紅娘的工作。

雖然是兼職，我們也做得有聲有色。

TIPS
蜜蜂對人類有多重要？

你知道嗎？被人類所利用的 1330 種作物中，有 1000 多種需要我們幫忙授粉。據說，曾有人這樣高度評價我們：「如果蜜蜂從地球上消失，人類將只能再存活 4 年。沒有蜜蜂，沒有授粉，沒有植物，沒有動物，也就沒有人類。」嘿嘿，謝謝他的評價，我們將繼續努力喔！

灰賊鷗：落草為寇，只因南極苦寒、天逼鳥反

地球上最冷的地方肯定是南極。那兒的狂風、冰雪終年不斷，很多地方幾十億年過去了也長不出一棵草。總而言之，要想在南極活下來，一定要使出渾身解數才行。

灰賊鷗就是這麼做的。為了活下來，牠們已經落草為寇。

只要能吃飽，管它是什麼

世界上還有比吃飯更重要的事情嗎？當然沒有！不幸的是，在南極最缺的就是食物。

這可怎麼辦呢？灰賊鷗倒是清楚的知道，要想活下來，就不能太挑剔。

牠們確實也是這麼做的。除魚、蝦等海洋生物外，企鵝蛋、企鵝寶寶、鳥蛋、幼鳥、海豹的屍體等都是灰賊鷗的美餐。實在無食可吃時，牠們還會吃企鵝的糞便。企鵝總是以富有營養的磷蝦和魚類為食，因此牠們的糞便也有營養殘存，聊勝於無，總比沒得吃好。

還有些灰賊鷗十分識時務，牠們把家安在各國的南極考察站附近，把考察隊員丟棄的剩餘飯菜和垃圾（不管是中餐還是西餐）統統當成美味佳餚。如果有機會，牠們還會迫不及待的鑽進人們的食品庫，像老鼠一樣，吃飽喝足，臨走時再「撈」上一把——畢竟，還有一家子賊鷗等著呢。

手段遠沒有結果重要

灰賊鷗從不輕易放過任何獲得食物的機會。至於手段光不光彩，牠們並不在意。

偷盜、搶奪、謀殺是灰賊鷗們最常用的謀生手段，這在牠們剛剛從蛋裡孵化出來就可見端倪。灰賊鷗媽媽總是先後生下兩顆蛋，而先孵出來的那個，顯然占有絕對優勢。牠不僅不會讓著弟弟妹妹，還會先搶走父母帶回的食物。有的時候，牠們甚至會對弟弟妹妹痛下殺手！

一旦長成，牠們更是賊性大發。偷其他雛鳥、鳥蛋乃是家常便飯。尤其在企鵝父母孵蛋、海豹生育時，灰賊鷗更不會錯過機會。

牠們成群結隊的在天空中盤旋，往往在小海豹剛露頭、海豹媽媽還沒來得及保護孩子的剎那，牠們便俯衝下去，先下嘴為快。而在企鵝的繁殖區，灰賊鷗們總是耐心的等待可乘之機，只要企鵝爸媽一不注意，孩子就可能被捉走！有時，賊鷗們還會分工合作：一隻在前頭引開企鵝爸媽，另一隻則趁機偷走企鵝蛋，然後兩隻賊鷗一起分贓。

為領土不惜戰爭連連

幾乎所有的動物都明白，擁有一塊屬於自己的地盤十分重要，這是獲得充足食物的保證。灰賊鷗固然生性凶猛，飛行能力極強，可是在南極，這只是牠們活下來的必要條件之一。除此之外，牠們還必須確保自己的領地不受侵犯，尤其是在生兒育女階段。

灰賊鷗奉行一夫一妻制，在戀愛結婚之後，總是有一隻在家中。牠們的家，大多是亂石堆間的一塊有砂土層的地方，光禿禿的，寒冷無比。像生活在溫帶、熱帶那些鳥兒們建造的、鋪滿乾草的柔軟鳥窩，牠們估計做夢都想不到。

但即便是這樣的亂石堆，也是牠們誓死保衛的家園。留在家裡的那隻灰賊鷗守護蛋或雛鳥，另一隻則站在附近的高處，充當警衛。如果發現有「敵人」入侵，還沒等對方靠近，牠們就會鳴叫報警，並主動發起攻擊，同時根據來者身分靈活選用攻擊方式。如果遇到的是地面目標，比如人，賊鷗大多會像戰鬥機一樣輪番俯衝，用強有力的翅膀或爪子攻擊對方；對付空中目標，則以極快的速度衝向對方。

除了孩子，灰賊鷗們最緊張的還有攝食區，也就是尋找食物的場所。沒錯，灰賊鷗也會劃分自己的攝食區。當有其他賊鷗進入這個區域時，守衛者常常升空盤旋，並「嘎嘎」大叫進行警告；如果對方置之不理，將不可避免的爆發一場激烈的戰爭！

瞧，雖然被老天爺活生生的逼成了飛賊，灰賊鷗們骨子裡的親情和大愛，卻仍讓牠們成為合格的父母和堅強的戰士。這也算是瑕不掩瑜吧！

企鵝：另類的流體動力學家

大概沒什麼人會不喜歡企鵝吧：胖乎乎的體型，穿著黑白相間的「燕尾服」，直立行走，走起路來還一搖一擺的，既滑稽又可愛。牠們就靠著「天生麗質」贏得了許多人的喜愛。

人們對這種可愛動物的研究，堪稱「全方位」，連某些特別私密的、帶有強烈味道的事情也不放過——比如說，大便……

全民一起來研究

關於企鵝拉屎，科學家們做的研究還真不少。有一群牛津大學的科學家們為了研究人類的行為和氣候變化對南極的巴布亞企鵝的影響，在巴布亞企鵝的繁殖區內安裝了好多相機，每天給企鵝們拍海量的照片，然後上傳到一個叫「看企鵝」的網站上，號召廣大網民一起參與研究，發現特別的、可疑的、值得研究的照片就圈出來。

你別說，群策群力之下，還真讓網友找到一件有意思的事。

有位網友發現，企鵝們似乎都喜歡在一個特定的地方拉屎，這裡是企鵝的廁所嗎？後來科學家們對比前後許多照片發現，企鵝便便有個很重要的作用，那就是——融化冰雪。

臭便便的大作用

企鵝喜歡在裸露的岩石上築巢生寶寶，但地面都被冰雪覆蓋住了怎麼辦呢？沒事，拉屎，使勁拉！許多隻企鵝聚在一起拉屎，褐色的便便吸收熱量，融化了冰雪，築巢的地方不就有了嗎？多高明的廢物利用啊。

不僅如此，企鵝們築完巢生完蛋之後，會有比較長一段的時間待在巢裡孵蛋，足不出戶。想拉屎怎麼辦呢？那還不簡單，撅起屁股拉就是了。但企鵝不是隨意拉的，牠們也知道不能拉在巢裡面，所以就撅起屁股，朝窩外邊拉。久而久之，就形成了一個以巢為中心，向周圍輻射開來太陽狀的巨！屎！陣！

TIPS

泄殖孔

鳥類的排泄物和生殖細胞都是從這一個孔裡排出去的喔。

巨屎陣與「搞笑諾貝爾獎」

從這個巨屎陣可以看出，企鵝拉的屎又長又直，顯然是用了很大力氣噴出去的。還別說，真就有一幫科學家研究了兩種超級可愛的企鵝——阿德利企鵝和帽帶企鵝，並通過便便被噴射出去的距離，便便的密度和黏稠度，泄殖孔的形狀、直徑和距離地面的高度，來測算企鵝直腸內部的排便壓力。結果算出來，企鵝直腸內的壓力是人類的4倍，能把便便噴出去40公分！這篇文章憑藉這冷門又可愛的研究成果，獲得了2005年的「搞笑諾貝爾獎」，而且還不是生物學獎，而是流體力學獎！

那麼，這麼大的壓力，這麼遠的距離，便便會不會噴到其他企鵝身上？畢竟企鵝都喜歡擠在一起……確實，拉屎噴到別的企鵝身上，這種事時不時就會發生，好在企鵝好像並不在意。

看完這些關於企鵝拉屎的故事，你有沒有改變對企鵝的印象？我好像更喜歡企鵝了，連拉屎都這麼有個性！

肉垂禿鷲：請叫牠清道夫，謝謝

最威猛的外表，最重口味的飲食！有人讚牠高貴，有人說牠醜陋，牠全不在意！因為，牠是一個真正的「清道夫」。

肉垂禿鷲，屬於一個令無數鳥類敬仰的家族：隼形目。隼形目一直被視為善於殺生的家族，但肉垂禿鷲是個例外。

屍體，是牠的主要食物

在很多時候，肉垂禿鷲的食譜上只有一種——屍體，而且主要是大型哺乳動物（像牛、牛羚等）的。那些小東西（蛙、蜥蜴、鳥類、小型獸類和大型昆蟲）還不夠牠塞牙縫的呢，因此牠只有在不得已（比如，極度飢餓）的情況下才會考慮吃這些小傢伙的屍體。

眾所周知，在非洲荒漠草原上，「生」和「死」每時每刻都在發生。有的動物自然老死，有的病死，也有的被殺死……而無論哪種死亡方式都會留下屍體，或者殘骸。

為了消滅屍體或殘骸，肉垂禿鷲總是一大早就離開建在高處的家（這傢伙相當高傲，牠不喜歡附近有鄰居，常常一家人獨自住在懸崖或高高的金合歡樹上），用自己特有的感覺，捕捉肉眼看不見的上升暖氣流，在高空中滑翔……同時「發動」的還有視力和嗅覺，一旦看到一動不動的「食物」，或者看到其他食腐動物在進餐，抑或是聞到腐肉的氣味，牠就會毫不猶豫的衝下來！

肉垂禿鷲的嘴巴強而有力，又帶鉤，所以牠完全可以輕而易舉的啄破、撕開大型哺乳動物堅韌的皮膚，拖出內臟，埋頭大吃。放心吧，牠腦袋和脖子都是光禿禿的，所以從不擔心自己的衛生和髮型問題。

警告對手，用腦門

肉垂禿鷲必須盡快吃，因為牠擁有無數同類對手。肉垂禿鷲在高空滑翔的時候，是不會忘記觀察同類的。如果發現有其他禿鷲找到食物，牠就會迅速趕過去，看看能不能分一杯羹。當然，這也是一個運氣問題。

肉垂禿鷲可是最愛爭強好勝的——如果是搶另外一隻肉垂禿鷲的盤中餐，要想占據最有利的進餐位置，兩者就得較量一下啦。

肉垂禿鷲對食物十分看重，一旦得手，就會立刻發布信息：平時暗褐色的腦門漸漸變成了鮮豔的紅色。據說，這種變化是因為充血量的不同。其實，牠是用這種鮮豔的紅色警告其他禿鷲：趕快走開，這是我的！

可惜，在肉垂禿鷲中，同樣遵循自然界「強者為大」的道理。

個頭更大、身體更強壯的傢伙，往往一出馬就趕走了先到的肉垂禿鷲。失敗者只好無可奈何的離開了原來的有利位置，腦門也漸漸變成了白色（白色真是失敗者的顏色啊），直到牠徹底平靜下來，腦門才會逐漸恢復成原來的顏色。搶到嘴的那位呢，太興奮了，以致於腦門變成了紫紅色！面對這個可怕的腦門，無數後來的對手會重新評估自己的實力，再做出決定：是過去搶呢，還是默默圍觀，撿點殘渣呢？

屍體「有毒」，禿鷲有辦法

曾經有人抨擊肉垂禿鷲，說牠們是病毒攜帶者，理由僅僅是因為牠們吃屍體！

這個說法是完全不負責任的。雖然動物屍體往往攜帶各種病毒、細菌以及寄生蟲卵，但肉垂禿鷲也有應對之策：

首先，肉垂禿鷲擁有一個奇妙的呼吸和消化系統，能有效的殺死吃進去的細菌。

其次，每次吃完之後，肉垂禿鷲從不忘記做清潔工作。牠們常常吐出一種黏液狀的物質，塗到雙腳上。這些物質其實是一種效果很好的消毒劑，能殺死附著在牠們腳上的細菌。

而且，肉垂禿鷲是「日光浴」愛好者。在把腦袋伸到動物屍體內部進行深入挖掘之後，牠從不會忘記在陽光下曝晒一把——因為腦袋和脖子上沒有羽毛的遮擋，附著在上面的細菌和寄生蟲卵，很容易被灼熱的陽光晒死。

總而言之，在非洲荒漠草原上，肉垂禿鷲是當仁不讓的「清道夫」。牠們不僅不會傳播疾病，反而還能減少疾病傳播——那些動物屍體如果不及時處理，任由其腐爛，將會嚴重污染環境，更可能引起真正可怕的傳染病，那可是草原上的大災難。

沙漠擬步行蟲：向空氣要水的魔術師

據說在真實的歷史裡，玄奘法師取經是偷渡出去的。西行的前半程，他都是單槍匹馬，沒有一個隨從。他曾在一片沙漠的中心弄翻了裝水的皮囊，五天四夜滴水未進。如果不是隨行的老馬帶他找到了一片綠洲，玄奘法師也許就命喪黃泉了。

人類大概沒辦法赤手空拳的變出水來。不過，有種奇妙的小甲蟲，卻能從空氣中要來救命的水。

不怕乾旱，因為有特殊本領

水看似平常，卻和陽光、空氣一樣是生命必需的物質。普通人如果不喝水不進食，一般撐不過 5 天就會死去。所以在乾旱缺水的沙漠裡，往往見不到人煙。可是，看似荒涼的沙漠，卻也是無數生命的樂園。瑞典和美國的科學家們近年來一直在研究一種叫「沙漠擬步行蟲」的甲蟲——牠們行動緩慢、其貌不揚，但卻不怕渴不怕熱，在非洲東南部一些年降水量只有 5 毫米的沙漠裡，照樣活得逍遙自在。

除了耐旱的體質，這些甲蟲還有一項特殊的技能：向空氣要水！

在霧氣彌漫的時候或濕度較大的夜裡，甲蟲會前足點地，低下腦袋，撅起小屁股——這是沙漠擬步行蟲的「求水姿勢」。不過大家別誤會，牠不是在向哪位大仙叩頭求雨，也不是學習打坐，閉關修煉什麼神功。沙漠擬步行蟲的背上長了很多小瘤，這樣的結構可以促使空氣中的水氣在瘤突的頂點凝結。於是，甲蟲就把水分源源不斷的從空氣中「拽」到了自己的背上。水滴越積越大，最終順著牠傾斜的背部滑到頭部，流入口中。你瞧，如果玄奘法師有甲蟲的這種本事，就絕對不會差點渴死。

學習小甲蟲和植物的絕技

研究仿生學的科學家們對這種甲蟲可是相當佩服。

所謂仿生學，就是研究生物的身體結構和功能，科學的模仿生物的特殊本領，研製各種新機械和新技術的科學。科學家們模仿沙漠擬步行蟲的背部，製作出了表面布滿微小瘤突的材料，用來收集空氣中的水分。不僅如此，他們還更進一步，向仙人掌和豬籠草學習。

仙人掌的刺可不只是武器這麼簡單。比起嚇唬動物，它的錐形結構還有一項更有用的功能——把凝集於刺尖上的露水導流下來，滋潤仙人掌的體表和根系！豬籠草的本領也很大，很多人都聽說過它是一種食肉植物，但你可能不知道，它的瓶口邊緣有一層奈米蓋層，比溜冰場還滑。小蟲子踩上去，就像一腳踩上香蕉皮，哧溜一聲就滑進了瓶底，掉到豬籠草的消化液裡，爬都爬不上來。水珠到了這種表面更是停不住，很容易滑走。

科學家們把沙漠擬步行蟲、仙人掌和豬籠草的絕技都學到了手，造出了一種特殊材料——表面光滑得像豬籠草，而且布滿了沙漠擬步行蟲那樣的瘤突，瘤突還跟仙人掌的刺一樣具備不對稱的斜面。這種材料能夠快速、高效的採集空氣中的水分，不僅可以成為乾旱地區人們的福音，還能增強空調的除濕能力。

TIPS

親愛的小朋友們，仿生學是不是有趣又有用？我們生活中還有很多仿生學的機器和設施，你知道的有哪些？
很多其他動植物都還有科學家們沒來得及模仿的絕技，真期待未來大家能把它們找出來。

水母：這個殺手真飄逸

海洋中從不缺乏殺手，比如大白鯊，比如劍魚，牠們簡直所向披靡。然而，如果論瀟灑飄逸，還是水母屬第一。

牠們千姿百態，大小不一，小的比你的拇指指甲還小，大的足有 70 多公尺長（加上觸手），幾乎每種都像果凍一樣晶瑩剔透，因此有「果凍魚」的美稱。當然，水母不是果凍，也不是魚，在牠們體內，沒有心臟、血液、大腦，也沒有鰓、骨骼和眼睛。但是，這完全不影響水母的生活。

你可能不相信，看上去柔美的水母大都是肉食動物，「獵殺」是牠們人生的一大主題！

隨機殺害

絕大多數水母都是吃肉的。小小的魚類、各種海洋動物的卵以及一些無脊椎動物等，都是牠們酷愛的美食。對此，牠們唯一遺憾的是，不能主動出擊！

原因很簡單：水母的「動力裝置」配置有點兒差。牠們並不擅長游泳，主要通過噴水的方法，推動自己在海洋裡上下活動——在牠們傘一樣的身體下，有一些薄薄的肌肉組織，可以擴張。當水灌滿時，再迅速收縮，進而把體內的水快速「噴」出去，以此來推動自己向相反的方向前進。如果水母想換個方向，那只好聽風浪和水流的了，可以說是「聽天由命」了。因此，對水母而言，流落到何方（即使是最不想去的岸邊）牠們不知道，下一頓吃什麼也不知道。牠們唯一能做的，就是隨時「打開」觸手和口腕上的感受器，感受周圍是否有「食物」游過，隨後展開捕食——放心吧，水母的成功率並不算低，大多數水母幾乎是透明的，很容易隱身。

請君入甕

當然，並不是所有水母都這麼身不由己。全世界差不多有 250 多種水母，牠們分布在全球各地的水域裡，包括南極。這個大家族絕對是「能人輩出」。

比如，有的水母會發光。像維多利亞多管發光水母，全身透明，跟棒球差不多大小。為了吸引好奇的獵物「送貨上門」，牠的體內還會呈現像自行車輻條一樣的光圈。

而有的水母還會「豢養」幫手，這類水母大多體型巨大。比如，某些行動敏捷的端足類動物（這是一種沒有甲殼，兩側扁平的目級甲殼類動物）總喜歡住在斑點水母像鐘一樣的「罩子」裡，進出自如，躲進去還能獲得保護（可惜，牠們偶有不慎也可能死於水母之手）。為了感謝「房東」，有時候牠們也會以身做餌，引誘魚兒們進入水母的「伏擊範圍」。等水母吃飽喝足之後，自己也可以分點殘羹冷炙。

TIPS

端足類動物

端足類動物很多沒有自己的名字，只是一個統稱。

非常毒刺

不論通過什麼辦法，只要獵物進入了水母的「伏擊圈」，就必然凶多吉少。因為所有的水母都有毒刺——「刺絲胞動物」可不是白叫的！

不同種類的水母觸手也不一樣，有的只有幾公分長，有的長達幾十公尺；有些水母只有 4 條觸手，有的多達幾百條。不過，水母所有的觸手上都覆蓋著成千上萬個刺絲胞，每個刺絲胞都有一個球形或錘形的小囊，稱為「刺絲囊」，裡面裝有毒液（有些水母的毒性十分強烈，比如被僧帽水母螫傷的人或生物，死亡率就很高），一旦受到刺激，刺絲囊就會像閃電一樣射出鉤狀刺絲，在幾毫秒內迅速螫傷、捕捉或征服獵物，然後將獵物送到口腕中——雖然獵物可能小了點，但是積累多了也能填飽肚子。

水母雖然擁有強大的刺絲胞，可惜並不能阻止所有海洋動物的襲擊！像人們曾見過眼睛被螫腫的海龜照樣大口大口的吞吃著水母，還有某些海蛞蝓不僅吃水母，還能將水母的刺絲胞為自己所用——牠們把水母的刺絲胞變成了自己的一部分，誰吃牠們誰遭殃！

水獺：萌萌的雜耍高手

如果你喜歡看雜技表演，那麼一定經常能看到雜技演員向空中拋三個甚至更多球，用兩隻手就能輪流接住和拋起，一個都掉不下來。你有沒有偷偷試過？這可挺有難度的。

不過，有一種動物相當擅長玩「拋接球遊戲」，甚至玩得比大多數人類都好——牠們就是水獺！不相信？請往下看。

TIPS

吃飯也賣萌

大家如果常常看動物星球頻道的紀錄片，大概都會記得海獺仰躺在海面上，肚皮上放塊石頭，然後雙手捧著一個貝殼砸向石頭，一下，兩下，殼碎了，裡面的肉也能吃到啦，好開心！

先分清水獺和海獺

等等，你說你分不清水獺和海獺？

讓我來告訴你吧：水獺，泛指鼬科水獺亞科的動物；而海獺則是其中的一個屬——海獺屬。「海獺屬」中，也就海獺一種動物。水獺亞科一共有 13 種，除了海獺，其他 12 種一般都被人們統稱水獺。

可能有的小朋友會說，科啊屬啊種啊的，頭都暈啦，說點能看得見的區別吧！首先，水獺身子細長，跟黃鼠狼比較像，臉也比較小、比較扁；而海獺呢，臉比較圓，很多人覺得更可愛一些，身子也是圓滾滾的。其次，水獺會有比較多的時間在陸地上待著，而海獺幾乎都在海裡度過。

TIPS

生物的分類

生物分類主要有 7 個級別，從大到小依次是「界、門、綱、目、科、屬、種」，每個級別之上或者之下還會有更細的分類單元，比如科下面分為亞科，但是亞科比屬的級別高。

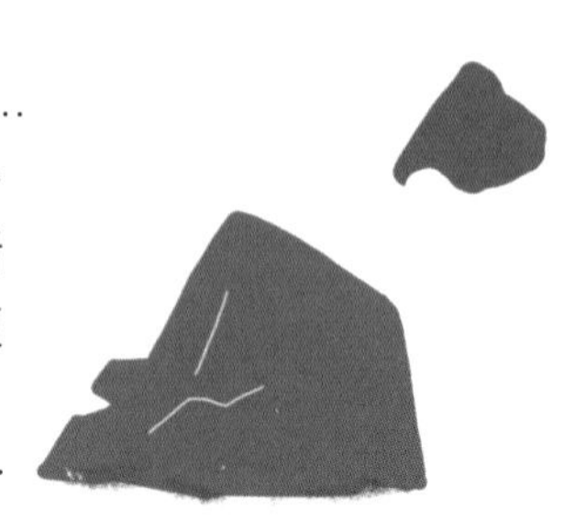

會使用工具的小可愛

當然，牠們不是以賣萌為生，無論是水獺還是海獺，都是很聰明的捕食者，是少數會使用工具的動物之一。最開始，人們認為人和動物的區別在於人類會使用工具，但是著名的珍·古德發現了黑猩猩也會使用工具之後，顛覆了人們對動物的認識。

不僅是海獺，水獺也會使用石子，而且有的水獺會一直使用同一塊石子，用完就放在腋下的「袋袋」裡（水獺腋下有塊鬆弛的皮膚可以像口袋一樣放東西，食物啊，石子啊……）。

水獺們有高超的玩石子技藝：牠仰躺在地上，兩隻前爪把石子高高的拋起，又穩穩的接住；再來一招「黏在身上怎麼都不會掉」，石子從左前爪滾到右前爪，再到下巴，就是掉不下來！這些都是雕蟲小技，牠還可以一次玩3顆石子，一點不輸雜技團的專業雜技演員！

為什麼要玩石子？

太多人被水獺這種有趣的行為深深的吸引著。牠究竟為什麼要玩石子呢？

科學家們對此也很是疑惑，目前並沒有很詳盡的研究和明確的說法，但大概有這麼幾個理論：

一、純粹為了玩。

水獺內心獨白：誰還不是個寶寶，除了吃、睡、繁殖，我們還不能玩了啊，就隨便玩一下，看把你們人類驚訝得，真沒見過世面。

二、餓了。

科學家的依據是：這種玩石子的行為會在吃飽後減少。水獺是通過靈敏的觸覺來捕食的，尤其是亞洲小爪水獺，牠們是用前爪來尋找食物的；另外，和海獺一樣，水獺也用石子來敲開貝殼、螃蟹等，所以玩石子大概和餓了、想吃東西有關。這是不是就像我們人類餓了，就用筷子敲碗一樣呢？

看到這位可愛的雜耍高手，小朋友們有沒有想回家練練扔石子？

蝦蛄：戰鬥民族，天生將種

這種生活在水中的甲殼類動物，可是天生的拳擊手！

只要牠願意……小心你家的玻璃魚缸！

一個個都是打架的好手

雖然我們常常吃牠，可是如果我們走近牠，了解牠，就會發現螳螂蝦，喔，牠也叫作蝦蛄，是一位真正的戰爭販子——牠的一生是戰鬥的一生，牠的家族是熱衷於戰爭的家族，在牠短短四五年的生命中，從來都以發動戰爭為樂事！

在咱們這個地球上，大約生活著 400 餘種蝦蛄。牠們小的體長還不到 3 公分，大的接近 20 公分，居住在世界各地的溫帶和熱帶海洋中。牠們雖然樣子不同，但各有各的神通，一個個都是打架的好手。

TIPS

蝦蛄的絕密檔案

英文名：Mantis Shrimp
外號：瀨尿蝦、螳螂蝦
家族：節肢動物門，甲殼類，口足目
成員：約 400 餘種，主要生活在海底
特徵：模樣有點像蝦，攻擊獵物的方式像陸地上的螳螂，而且和螳螂一樣有著驚人的鐮刀型捕食爪以及碩大的複眼。但事實上，牠無論和螳螂還是一般的蝦的親戚關係都蠻遠的。

成為戰鬥達人的超級武裝

我們這次主要看看蝦蛄科蝦蛄的全副武裝——牠主要生活在珊瑚礁潮間帶，是當地最有名的一霸。

首先，牠攻擊力強、進攻神速——這類蝦蛄的螯足關節處膨大，螯足的末端好像鐮刀一樣，尖銳，而且有倒鉤，酷似「鐮刀手」。平時不用時，「鐮刀手」彎起來，縮在胸前，好像拳擊手將雙拳護在胸前一樣；

一旦遇到獵物或敵人，這對「鐮刀手」便會出其不意的如閃電一般迅速彈出！如果對方是貝殼，那就砸碎牠的殼，吃掉裡面的肉；如果是橫著走的螃蟹或帶刺的海膽，那就打得牠頭破血流，滿地找牙！據說，蝦蛄鉗螯的進攻速度可達每秒 10 公尺，是自然界進攻最快的動物之一。

其次，牠能走善跑，而且行動自如——除了捕食爪之外，蝦蛄還有用來爬行的步足、快速游動用的泳足。與之配套的是，牠們還擁有縮短的身體以及細長、靈活的尾巴，這使得牠們即使在十分狹小的空間裡（比如洞穴）也能自由行動。

最後，蝦蛄還擁有超強視力，牠們有著非常強悍的複眼，眼睛下有短而靈活的眼柄，眼睛中有 16 種不同類型的光感組織， 其中 12 種是分辨色彩的（人眼中只有區區 3 種），這使得牠們能夠辨別多達 10 萬種顏色，而人類只能辨別約 1 萬種甚至更少（有的人類還是部分色盲）。

牠們的眼睛裡還有各種顏色過濾器以及偏振受體，因此牠們能看到偏振光（人類是無法感知偏振光的，對於我們來說，光就是光）和 4 種紫外線顏色。此外，牠們還能同時看不同方向……可想而知，牠們眼裡的世界到底有多豐富、多清楚了！

這些超級裝備足以使牠們在海中看得清、跑得動、游得快、打得兇。難道正是因為這樣，牠們才愛上了戰爭？

生命不息，戰鬥不止

只要牠們成功由幼蟲變成蝦蛄（幼蟲期是牠們一生中最脆弱的時候，總會遭到各種捕殺），就將笑傲珊瑚礁海域的潮間帶！

牠們捕食海洋裡的各種小魚、小蝦、雙殼貝、螺類、螃蟹等，而且是殘暴的捕殺，好像總有無盡的怒火要發洩。即使獵物已死，牠們有時還會繼續發動攻擊，直到把獵物打得肚破腸流，死無全屍，才把牠吃掉。

此外，除了海洋裡的動物，蝦蛄還勇於挑戰一切可能或不可能挑戰的。比如，有人曾經試圖用各種玻璃杯「囚禁」牠們，結果被牠們一一砸碎；還有一些潛水員以及潛水愛好者以為自己戴上了厚厚的皮質護套就能對付蝦蛄，結果根本沒用，蝦蛄照樣在他們的手指（或腳趾）上留下記號，而蝦蛄也因此獲得「咬腳趾的傢伙」、「手指殺手」等綽號；還有人試圖將幾隻蝦蛄養在特製的水族箱內，結果牠們殺完了獵物，就殺自己的同類，直到最後只剩下一隻蝦蛄……。

總而言之，對於蝦蛄來說，真是沒有什麼比打仗更能讓牠興奮的了。

條紋臭鼬：熱愛展開化學戰

俗話說「人不可貌相」，沒錯，如果你看到條紋臭鼬——穿著黑白相間的「夾克」，體型像貓咪，看起來溫和斯文，你絕對難以相信，牠們是一群瘋狂的化學武器專家。

在牠們家族中，無論男女，都擅長發動「化學戰」。

家族的正確選擇

生活在北美洲墨西哥以北廣大地區的條紋臭鼬，屬於食肉目臭鼬科成員。在牠們的食譜上不僅有肉，還有野果、穀物、鳥蛋等。

可惜，精於養生的條紋臭鼬武力值並不高。牠們體型嬌小，既無鋒利的爪子，又沒有可怕的獠牙，更不善於奔跑。那麼，牠們怎麼才能活下去，並且能活得快快樂樂呢？

條紋臭鼬們選擇了使用化學武器。

事實證明，這個選擇非常正確。條紋臭鼬可以算得上是自己領地裡的「老大」，牠們白天躲在自己挖掘的洞穴或排水溝等人造洞穴裡，夜間自由活動。即使凶猛如美洲豹、狡猾如美洲山貓，見到牠們也要先掂量掂量：飢餓和惡臭哪個更可怕！

最可怕的化學武器

剛剛出生的條紋臭鼬像小耗子一樣，連眼睛都睜不開。雖然牠們身上已經有了家族的條紋標誌，但還沒有擁有化學武器，因此特別需要媽媽的照顧（爸爸是不參與的）。臭鼬媽媽會帶著孩子們度過整整一個冬天，等到來年春天，臭鼬寶寶開始試著離開家，去探索外面的世界——牠們視力不佳，但嗅覺相當好，可以

在地面上尋找氣味，仔細搜尋，用長前爪挖掘食物來填飽肚子。如果有敵人出現，放心吧，哈哈，牠們的化學武器已經形成了！

　　這個了不起的「化學武器製造廠」就位於條紋臭鼬尾部的肛門附近，也就是直腸內的腺體裡。成品是一種油性液體，最核心的成分是濃度極高的硫化物。那氣味，猶如臭雞蛋、大蒜和焚燒橡膠氣味的組合，即使臭雞蛋、臭豆腐再臭上一百倍也比不上它，真是怎一個「臭」字了得！

　　更可怕的是，這種臭味，黏到身上一個月都不會散去，因此在條紋臭鼬經常出沒的地方，也總彌漫著一股臭味。

TIPS

更更可怕的是……

如果這種「化學武器」不小心濺到眼睛、鼻子或嘴裡，更是會劇痛無比，還會暫時失明……被臭暈也是有可能的喔！

先禮後兵有原則

雖然化學武器威力強大，但「製造不易」，所以臭鼬絕不會濫用。

作為補充，牠還有一些其他能力。比如，牠會隨身攜帶「警告」——身上與生俱來的、黑白分明的條紋就是最有力的提醒：我是臭鼬，請勿靠近！科學家們發現，顏色越大膽鮮豔，條紋對比越強烈的臭鼬，對捕食者瞄準和發射化學武器的能力就越強。

此外，臭鼬只有在受到刺激（比如可能被攻擊）時才會發射化學武器，而且會提前發出警告喔——牠會低下頭來，豎起尾巴，快速跺著前爪，發出可怕的咆哮聲或嘶嘶聲。

如果對方無視牠的警告，條紋臭鼬這才把屁股對準對方，「呲——」不但速度快（在幾秒鐘內能噴射好幾次），而且幾乎「彈無虛發」（在3.5 公尺距離內，臭鼬一般能做到百發百中）。這是因為牠的臭腺已經進化出像乳頭一樣的結構，而且皆可以獨立旋轉，完美的鎖定目標。

臭鼬還能夠自由選擇噴射方式——如果不知道對方距離自己是遠還是近，就噴出霧狀的；如果對方在視野範圍內，就直接噴射到對方臉上。

至於結果，嘿嘿，不說你也會明白。

雪雁：無與倫比的搬家狂

「不是在搬家，就是在準備搬家。」毫無疑問，這句話說的就是雪雁。

雪雁是一種有趣的鳥兒，樣貌美麗，體型較大，以酷愛遷徙聞名於鳥界。牠們每年會遷徙兩次，距離至少6000公里——每年秋天，成千上萬隻雪雁總會排成波浪形的隊伍，從北美極地飛到溫暖的墨西哥灣去過冬，等到來年春天，再返回。

遷徙前，先做準備工作

北美極地是地球上最冷的地方之一，那裡終年氣溫在 0°C 以下，唯有 5 月之後的夏季，才會稍微暖和一點。

在這個季節趕回來的雪雁們，無論是新婚夫婦還是老夫老妻，都會抓緊機會生小寶寶。時隔一年，遷徙的隊伍急需補充新生力量。而一旦當年出生的小傢伙慢慢長出羽毛，牠們最常做的事之一就是梳理羽毛，因為飛行最離不開的就是羽毛。

當小寶寶成長到能外出時，就開始了頻繁的覓食生活。北極的夏季極其短暫，小雪雁們必須抓緊時間快吃猛吃，以便有足夠的體力跟隨父母返回南方。而那些不打算成家的雪雁們呢，也會擇地換羽，確保羽毛能保持最好的狀態，以便迎接隨之而來的大遷徙。

遷徙，必須聯合起來

等到了 8 月末，北美極地已經開始漸漸變冷了。這兒不能繼續待了，牠們必須離開，前往越冬區——墨西哥灣。

那裡溫暖如春，有甜美的水，有可口的穀物、嫩芽，是雪雁們最嚮往的地方。唯一遺憾的是，墨西哥灣離北美極地有點遠，距離大約有 3000 公里。雪雁們也許不會迷路，但中途可能會遇到各種危險，尤其是在牠們休息的時候，當地的肉食動物會開心的舉行「雪雁主題宴會」——對肉食動物而言，性格溫和、不善攻擊的雪雁簡直是上天賜予的美味佳餚。

為了保證種族安全，雪雁們選擇了聯合大行動：雪雁父母、不滿一歲的子女們以及沒有結婚的雪雁們（雪雁常常 4, 5 歲時才結婚，而牠們的壽命約為 25 歲），成千上萬隻聚集到了一起，最多的時候，可以達到上百萬隻。當牠們飛行或休息的時候，遠遠看去，猶如漫天雪花，陣勢極其驚人。

TIPS

你可能不知道

為了把換羽對飛翔能力的不利影響降到最低，鳥類的換羽大多是逐漸更替的。但雪雁的飛羽則是一次性全部脫落——在換羽期，牠完全喪失了飛翔能力！所以，這段時間裡雪雁必須隱蔽在湖泊、草叢之中，小心提防著敵人的捕食。

遷徙的「航線」永不變

開始了，起飛了！

雪雁們自發的排列成了波浪狀隊形，有時還會組成不規則的 V 字形，在接近 1000 公尺的高空「駕馭」著氣流，或上升或下降。當然，在這個隊伍中永遠有隻能力卓越的頭鳥，負責領航——在飛行中，牠的位置總在不斷的變化。

這並不意味著雪雁們的遷徙路線也在變化。科學家曾經發現，一個雪雁群的遷徙路線（包括牠們中途休息的地方）一經確定就不會更改。

因此，人類研究雪雁的觀察點總是固定的，比如美國明尼蘇達州的桑德湖就是雪雁的一個重要中繼站。現在每年秋季，大約有 25 萬隻雪雁會來到這裡落腳、休息，補充營養和體力。但人們還發現，有些雪雁十分強悍，牠們竟然可以一口氣飛完全程，中途根本不歇一次腳！果然，身為搬家狂，沒有好體力可真沒法勝任啊！

埋葬蟲：動物們的殯葬師

下面要介紹的，是一份和屍體相關的工作。

聽起來，是不是有點怕？呃，別怕。

埋葬蟲將用親身經歷告訴你，這是一份貌似恐怖、實則極其重要的職業。埋葬蟲之所以能繁衍到今天，就是多虧了這份工作；而且，如果沒有埋葬蟲的工作，這個地球一定會臭得不得了！

好吧，現在請別逃，請別走，請靜下心來聽一聽殯葬師的生活，也許你會對牠們刮目相看。

先介紹一下本文的主角

埋葬蟲，又叫錘甲蟲、葬甲，屬於昆蟲中最大的一個目——鞘翅目，埋葬蟲科；牠們大約有 100 多種，分布在不同地區的陸地上（大概只有西印度群島、非洲南部的大沙漠、澳洲和紐西蘭等地，完全沒有埋葬蟲的蹤跡）。

埋葬蟲的體長有大有小，平均約 1.2 公分；外表顏色不一，有黑色，也有的五光十色，像明亮的橙色、黃色、紅色都有；身體扁平而柔軟。牠們不僅喜歡吃屍體，還有埋葬動物屍體的習慣，因此江湖人稱「殯葬師」。

幹活要趁早

埋葬蟲的目標是屍體。從這一點來看，牠們簡直比所有的肉食動物都仁慈善良。

然而，動物什麼時候會死亡，又會死在什麼地方，埋葬蟲並不知道。幸運的是，埋葬蟲擁有相當不錯的裝備——棍棒狀的觸角末端特別膨大，上面布滿了「化學分子接收器」。

動物死亡時會散發出一種特殊的味道，事實上，在將死之際這種味道就散發出來了。人類聞不到這種氣味，但嗅覺靈敏的埋葬蟲聞得到。牠們一旦覺察到這種氣味，就會十萬火急、連飛帶爬的趕過去。

埋葬蟲知道，牠們必須快一點，再快一點。因為牠們的競爭對手實在不少，比如蒼蠅，比如螞蟻，當然，還有不可能缺席的強大對手——牠們的同類。

有些種類的埋葬蟲很少願意和心上人以外的同類合作（如果對方只是純幫忙的性質，就可以接受）。為此，牠們互相廝殺、互相攻擊，而且通常是雌蟲和雌蟲爭鬥，雄蟲和雄蟲爭鬥。雖然打架經常造成斷足失角的傷害，但雄蟲和雌蟲間不會互相幫助。這也算是一種殘忍的仁慈——這樣可以保證，在一群雌蟲和一群雄蟲中，只有體型最大、最強壯的那兩隻才能贏得最後的勝利，並結為夫妻。這樣才能確保讓最強大的埋葬蟲留下後代！

一切為了孩子

埋葬蟲之所以如此不顧性命的爭搶食物，最主要的原因是：這是為孩子準備的。在埋葬蟲看來，動物屍體是營養最豐富的美食，值得擁有。

在埋葬蟲準夫妻成功獲勝之後，如果屍體在硬地上，牠們會齊心協力的把它搬到軟地上，並精心加工。比如，先咬破屍體的肚子，拖出腸子，以免腸子的細菌加速屍體的腐爛；然後一邊向下挖掘，一邊將它做成球團，埋在地下墓穴之中；如果有毛，牠們還會細心的挑出來。除此之外，牠們還會在「肉球」表面塗上「防腐劑」，即牠們口部和尾部的分泌物。其間，牠們還會忙裡偷閒簡單舉辦一個婚禮……這樣一來，等「肉球」做成，埋葬蟲媽媽就可以在附近的土裡產卵啦。聰明的埋葬蟲媽媽，總是根據肉球的大小來決定產下多少粒卵。

產卵之後，埋葬蟲父母也不會離開。過了一段時間，小寶寶們孵化出來，自行憑著氣味爬到「食物」上——此時，牠們還不會吃喔，只能像鳥寶寶一樣伸長口器，向爸爸媽媽要吃的。埋葬蟲爸爸和埋葬蟲媽媽呢，就吐出半消化的營養物，口對口的餵給孩子們吃。

孩子們長得很快。蛻皮，再吃；再次蛻皮，再繼續吃……埋葬蟲父母一直守護著、餵養著牠們，同時清除肉球上的真菌。

終於有一天，孩子們離開了巢穴，鑽進土裡化蛹——等牠們再次出來，就成了小埋葬蟲。牠們的父母可以放心離開了，當然，更可能的是已經活活累死了……。

被迫的殘忍

你一定會對埋葬蟲父母讚不絕口，但其實，牠們也有不得已的悲哀。

眾所周知，競爭無所不在， 哪怕在同種類的動物之間也是如此。你知道的，在生物界有個不成文的潛規則——「體型最大的，本領也最大」。比如，大黑埋葬蟲體型更大，牠們總喜歡奪取尼泊爾埋葬蟲率先發現、處理過的「肉球」——牠才不管尼泊爾埋葬蟲有沒有產卵，或者子孫有沒有被孵化。即使小埋葬蟲已經被孵化出來，牠們也會將之殺死。此外，在同種埋葬蟲中，也有搶奪的習慣。

因此，為了讓自己的孩子在將來的競爭中具有更大的優勢，埋葬蟲父母更要確保孩子「不輸在起跑線上」。為此，牠們不得不「痛下殺心」，就在孩子剛剛孵化出來時，如果孵化得過多，或有的孩子很晚才爬向食物，或者中途食物減少得太快了，埋葬蟲父母就會咬死一部分孩子，以確保另外一些孩子吃得夠飽，長得夠壯。

針鼴：只專注一種美食的美食家

大洋洲是地球上最神祕的地方之一——它曾經與其他地方隔絕了很久很久，直到 16 世紀，被歐洲人發現時，這兒的土著居民仍處於新石器時代，這兒的動物很多也一如遠古，比如針鼴。

大約 1.8 億年前，被稱為「盤古大陸」的超級大陸分裂，從北方動物中分離出了南方動物，而針鼴就是南方哺乳動物的後代。在至少 8000 萬年裡，牠們幾乎沒有什麼變化，包括口味。

吃蟻族是牠們最明智的選擇

相比那些肥嫩多汁的動物所遭遇的「生命危險」，蟻族——無論是螞蟻還是白蟻，就安全多了，因為在很多動物看來，這些傢伙又小又沒肉，根本不值得一吃！

不過，針鼴卻不這樣認為。

針鼴吃飯守則

- 第一條：只要吃得多，早晚都能吃飽
- 第二條：填飽肚子遠比口感更重要
- 第三條：選擇蟻族意味著永遠不用擔心食物匱乏

因為螞蟻和白蟻很可能是地球上進化最成功的昆蟲，牠們種類繁多，分布廣泛，幾乎征服了除南極洲以外的所有陸地，包括灌木林、丘陵、草原、高原以及半荒漠地區……總而言之，蟻族幾乎能適應任何環境，而且直到如今還完全沒有滅絕的可能。

因此，8000 萬年前針鼴的選擇，就意味著牠們必然能成功存活——牠們永遠不用擔心沒有食物，唯一需要想的，就是如何找到食物並吃下去。

吃蟻幾十年，一點也不厭

如果沒有遭遇意外，一隻針鼴能活到 50 歲，長壽堪比大象。在這漫長的一生中，針鼴的食譜上絕大部分只有螞蟻和白蟻。事實上，也許只有在嬰幼兒時期，牠才能嘗到蟻族以外的美味——母乳。

那時候，牠還很小。剛出生時，牠只是一顆蛋。這顆蛋小小的，貌似葡萄，表面像皮革一樣粗糙。針鼴媽媽把牠放在「臨時育兒袋」（只有在生產前，媽媽才會長出育兒袋喔）裡，隨身攜帶，再過一段時間，小針鼴會破殼而出，就可以喝奶啦。

剛出生的小針鼴身上沒有針，躲在媽媽的「育兒袋」裡也不會扎到媽媽。而媽媽的「育兒袋」裡則已經長出了突出的毛孔（針鼴媽媽是沒有乳頭的），滲出了美味的乳汁。隨著小傢伙逐漸長大，這些乳汁的成分也會發生相應的變化。由於針鼴媽媽哺乳期依然以蟻為主食，因此從小喝母乳的小針鼴必然受到媽媽飲食習慣的影響。等到大約 5 個月後，牠就已經做好準備，接下來的一生，都將在找蟻、吃蟻中度過了。

進餐裝備，值得擁有

作為一位真正的吃蟻高手，據估計，一天有上萬隻螞蟻或白蟻葬身於針鼴的腹中。而針鼴之所以有這麼好的成績，多虧了牠所擁有的得力裝備以及充分的時間投入。

除了冬天，針鼴一天之中的大部分時間都用來覓食。牠慢悠悠的走著，用自己超強的口鼻部，細心的發現、感受螞蟻的生物電子信號。一旦有所察覺，牠馬上用粗壯的四肢，挖掘、摧毀蟻巢，迫使忙碌工作的螞蟻們四散奔逃，牠再從容不迫的伸出舌頭。

這條舌頭不僅靈活，有倒鉤，可以伸出嘴外一尺多長，舌尖上還能分泌出黏稠的液體。因此，凡是舌頭所到之處，無論螞蟻還是白蟻都會被一一黏住，然後被吞下去。別擔心牠會吃撐到「胃」痛喔，針鼴天生就沒有儲存或消化食物的胃部，牠用食道的末端及小腸的前端擴張來取代胃的容量和功能。事實證明，這樣也不錯。

20

真菌培植蟻：
比人類歷史還悠久的農場主

以為只有人才會種植農作物、開辦農場？那你就錯了。

小小的螞蟻也會種「莊稼」，並且在時間上絕對碾壓人類——人類種植的歷史不過 1 萬年，而螞蟻的種植歷史卻有 3000 萬年之久！

種植，為了更好的生存下去

螞蟻怎麼種東西呢？總不至於像人一樣舉著鋤頭刨地，然後撒上種子吧……當然啦，雖然螞蟻不會使用鋤頭，但一點不妨礙牠成為高超的農場主。不過，螞蟻種的不是稻子、小麥，而是真菌——人類喜歡種植傘菌科的真菌，也就是大家喜歡吃的各種蘑菇；巧合的是，螞蟻們種的，也是傘菌科的真菌。

種植真菌的螞蟻叫作真菌培植蟻，其中主要是切葉蟻。

TIPS

營養基

用來給真菌提供營養物質的植物。

切葉蟻從外面把真菌帶回巢裡，利用切碎的樹葉、木屑、蟲子屍體等作為肥沃的「土壤」，讓真菌大量繁殖。切葉蟻用真菌餵養幼蟲，同時也認真的照顧真菌，不但讓牠們遠離病蟲害，甚至會有專門負責運輸廢棄物的切葉蟻，把種植產生的廢物搬出巢外，免得廢物裡的黴菌感染牠們的「農作物」。

切葉蟻和真菌之間的關係，在生態學上叫作「互利共生」：切葉蟻給真菌提供營養和保護，而真菌給切葉蟻提供食物——互相幫助、互利互惠才能更好的生存下去嘛。

就像不同的人喜歡吃不同的主食和菜，不同種類的切葉蟻，種植的真菌也是不同種類的。切葉蟻搬回新鮮的葉片用來培植真菌，牠們能探測到真菌所產生的化學信號、能感受到真菌對不同植物營養基的不同反應。如果這種植物對牠們所培植的真菌有毒的話，牠們感受到真菌的不良反應，以後就不會再採集這種葉片了，是不是很聰明呢？

彼此依賴的切葉蟻和真菌

已知的 250 種真菌培植蟻被分為兩大類：低等真菌培植蟻和高等真菌培植蟻。

低等真菌培植蟻所種的真菌對螞蟻的依賴程度比較低，離開螞蟻也能存活。而高等真菌培植蟻和牠們所培植的真菌，離了對方都活不了。

低等真菌培植蟻起源於 5500 萬～6500 萬年前的南美洲，而高等真菌培植蟻起源於 3000 萬年前，並且生活的環境是比較乾燥的。

有意思的是，因為那個時候的氣候變化導致南美洲變得很乾燥，所以許多適應於雨林環境的真菌都消失了。但是得益於真菌培植蟻的照顧，還有一些真菌倖存下來——這些螞蟻會收集水到牠們的「真菌農場」，從而給牠們種植的真菌提供一個適宜的、潮濕的環境。

是農場主，更是建築師

因為擁有如此高超、直接媲美人類的種植技術，切葉蟻得以發展出龐大的種群數量，建造了壯觀的巢穴。

高等真菌培植的地下城堡深達數公尺，包含數千個巢室，可容納上百萬隻螞蟻在裡面穿梭。地下城堡對真菌培植蟻來說可不僅僅就是個休息睡覺的地方，它分為很多區域，有的作為培植真菌的農場，有的作為產卵育幼的嬰兒房，還有專門的垃圾場，用來存放培植真菌後的雜質和死去同伴的屍體……與其說是地下城堡，不如稱作「地下城市」，工作、生活、繁衍生殖都不成問題。

在美洲的熱帶雨林裡，搬運樹葉的切葉蟻往往排成壯觀的大隊伍，將樹葉碎片一片一片的運回牠們的地下城市。被牠們種植和馴化的真菌，不僅是食物，也是構成地下城的建築材料。

怎麼樣？如此分工合作、勤勤懇懇的切葉蟻，如此龐大複雜的地下城市，是不是讓你大為驚嘆？大千世界，無奇不有，再小的生命也可能孕育著巨大的能量。勤懇工作的真菌培植蟻，堪稱動物界光榮的勞動標兵！

科普橋梁書系列

生物飯店：奇奇怪怪的食客與意想不到的食譜

史軍／主編

臨淵／著

你聽過「生物飯店」嗎？
聽說老闆娘可是管理著地球上所有生物的吃飯問題，
任何稀奇古怪的料理都難不倒她！

動物的特異功能

史軍／主編

臨淵、楊嬰、陳婷／著

在動物界中，隱藏著許多身懷絕技的「超級達人」！
你知道牠們最得意的本領是什麼嗎？

當成語遇到科學

史軍／主編

臨淵、楊嬰／著

囊螢映雪，古人可以用來照明的螢火蟲，是腐
爛後的草變成的嗎？
快來跟科學家們一起從成語中發現好玩的科學
知識！

花花草草和大樹，我有問題想問你

史軍／主編

史軍／著

最早的花朵是怎麼出現的？種樹能與保護自然環境畫上等
號嗎？多采多姿的植物世界，藏著許多不可思議的祕密！